JIKKYO NOTEBOOK

スパイラル数学Ⅰ　学習ノート

【２次関数】

本書は，実教出版発行の問題集「スパイラル数学Ⅰ」の３章「２次関数」の全例題と全問題を掲載した書き込み式のノートです。本書をノートのように学習していくことで，数学の実力を身につけることができます。

また，実教出版発行の教科書「新編数学Ⅰ」に対応する問題には，教科書の該当ページを示してあります。教科書を参考にしながら問題を解くことによって，学習の効果がより一層高まります。

目　次

1節　２次関数とそのグラフ

1　関数とグラフ……2

2　２次関数のグラフ……6

思考力PLUS　グラフの平行移動・対称移動…19

3　２次関数の最大・最小……21

4　２次関数の決定……37

2節　２次方程式と２次不等式

1　２次関数のグラフと２次方程式……45

2　２次関数のグラフと２次不等式……57

解答……78

1節　2次関数とそのグラフ

1 関数とグラフ

SPIRAL A

130　次の各場合について，y を x の式で表せ。　▶教p.72例1

*(1)　1辺の長さが x cm の正三角形の周の長さを y cm とする。

(2)　1本50円の鉛筆を x 本と500円の筆箱を買ったときの代金の合計を y 円とする。

131　関数 $f(x)=2x^2-5x+3$ において，次の値を求めよ。　▶教p.73例3

*(1)　$f(3)$

*(2)　$f(-2)$

(3)　$f(0)$

(4)　$f(a)$

(5)　$f(-2a)$

*(6)　$f(a+1)$

132 次の1次関数のグラフをかけ。 ▶教 p.74 例4

*(1) $y=2x+3$

*(2) $y=-3x-2$

(3) $y=-\frac{1}{2}x+2$

***133** 関数 $y=3x-2$ $(-3 \leqq x \leqq 1)$ について，次の問いに答えよ。 ▶教 p.75 例題1

(1) グラフをかけ。

(2) 関数の値域を求めよ。

(3) 関数の最大値，最小値を求めよ。

134 次の関数の値域を求めよ。また，最大値，最小値を求めよ。 ▶教p.75例題1

*(1) $y=2x-5 \quad (-2 \leqq x \leqq 3)$

(2) $y=x+3 \quad (-5 \leqq x \leqq -3)$

*(3) $y=-x+4 \quad (2 \leqq x \leqq 5)$

(4) $y=-3x-1 \quad (-4 \leqq x \leqq 1)$

SPIRAL B

135 1次関数 $f(x)=ax+b$ が次の条件を満たすとき，定数 a，b の値を求めよ。 ▶教p.73

*(1) $f(1)=3$，$f(3)=7$

(2) $f(-3)=2$，$f(2)=-8$

136 次の関数の値域を求めよ。 ▶教p.75例題1

*(1) $y=-2x-3 \quad (x \leqq 4)$

(2) $y=x-5 \quad (x \leqq -3)$

SPIRAL C

1 次関数の決定

例題 15

1 次関数 $y=ax+b$ $(1 \leqq x \leqq 4)$ の値域が $-1 \leqq y \leqq 8$ となるような定数 a，b の値を求めよ。ただし，$a>0$ とする。

解

$a>0$ より，この 1 次関数のグラフは右上がりの直線になる。

ここで，定義域が $1 \leqq x \leqq 4$ であるから

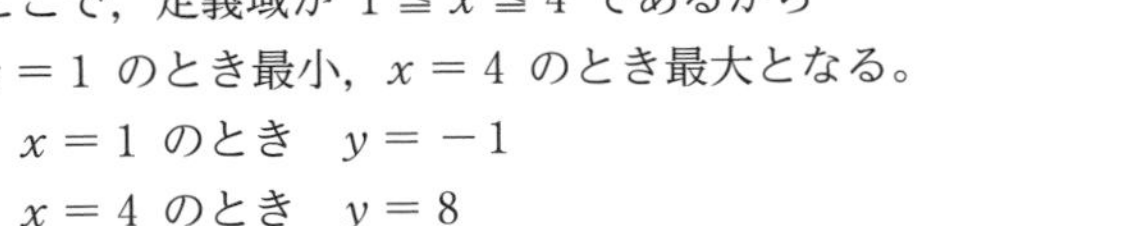

$x=1$ のとき最小，$x=4$ のとき最大となる。

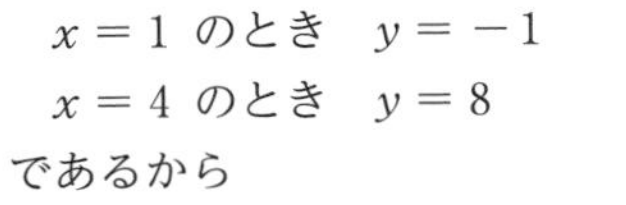

$x=1$ のとき　$y=-1$

$x=4$ のとき　$y=8$

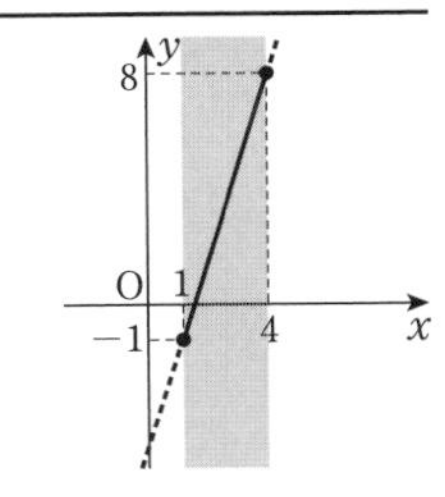

であるから

$a+b=-1$ ……①，　$4a+b=8$ ……②

①，②を解いて　$a=3$，$b=-4$ 答

137 次の問いに答えよ。

(1) 1 次関数 $y=ax+b$ $(-2 \leqq x \leqq 1)$ の値域が $-3 \leqq y \leqq 3$ となるような定数 a，b の値を求めよ。ただし，$a>0$ とする。

(2) 1 次関数 $y=ax+b$ $(-3 \leqq x \leqq -1)$ の値域が $2 \leqq y \leqq 3$ となるような定数 a，b の値を求めよ。ただし，$a<0$ とする。

2　2次関数のグラフ

SPIRAL A

138　次の2次関数のグラフをかけ。 ▶教p.77練習6

*(1)　$y=3x^2$

(2)　$y=\frac{1}{2}x^2$

*(3)　$y=-\frac{1}{3}x^2$

139 次の 2 次関数のグラフをかけ。また，その軸と頂点を求めよ。 ▶教p.79例5

*(1)　$y=2x^2+5$

(2)　$y=3x^2-5$

*(3)　$y=-x^2-2$

(4)　$y=-\frac{1}{2}x^2+1$

140 次の 2 次関数のグラフをかけ。また，その軸と頂点を求めよ。 ▶教 p.81 例6

*(1) $y=(x-3)^2$

(2) $y=-(x+2)^2$

*(3) $y=-3(x-1)^2$

(4) $y=-\frac{1}{3}(x+4)^2$

141 次の 2 次関数のグラフをかけ。また，その軸と頂点を求めよ。 ▶教 p.83 例7

*(1) $y=(x-3)^2-2$

(2) $y=-(x-3)^2+1$

*(3) $y=-2(x+1)^2-2$

(4) $y=\frac{1}{2}(x+3)^2-4$

142 次の２次関数を $y=(x-p)^2+q$ の形に変形せよ。 ▶教p.84例8，9

*(1) $y=x^2-2x$

(2) $y=x^2+4x$

(3) $y=x^2-8x+9$

*(4) $y=x^2+6x-2$

(5) $y=x^2+10x-5$

*(6) $y=x^2-4x+4$

143 次の２次関数を $y=(x-p)^2+q$ の形に変形せよ。 ▶教p.85例10

*(1) $y=x^2-x$

*(2) $y=x^2+5x+5$

(3) $y=x^2-3x-2$

(4) $y=x^2+x-\dfrac{3}{4}$

144 次の 2 次関数を $y=a(x-p)^2+q$ の形に変形せよ。 ▶教p.85例11

*(1) $y=2x^2+12x$

(2) $y=3x^2-6x$

*(3) $y=3x^2-12x-4$

*(4) $y=2x^2+4x+5$

(5) $y=4x^2-8x+1$

(6) $y=2x^2-8x+8$

145 次の 2 次関数を $y=a(x-p)^2+q$ の形に変形せよ。 ▶教p.85例11

*(1) $y=-x^2-4x-4$

(2) $y=-2x^2+4x+3$

*(3) $y=-3x^2+12x-2$

(4) $y=-4x^2-8x-3$

146 次の 2 次関数のグラフの軸と頂点を求め，そのグラフをかけ。 ▶教p.86例12

*(1)　$y=x^2+6x+7$

(2)　$y=x^2-2x-3$

(3)　$y=x^2+4x-1$

*(4)　$y=x^2-8x+13$

147 次の 2 次関数のグラフの軸と頂点を求め，そのグラフをかけ。 ▶教p.86例題2

*(1) $y=2x^2-8x+3$

(2) $y=3x^2+6x+5$

*(3) $y=-2x^2-4x+5$

(4) $y=-3x^2+12x-8$

SPIRAL B

148 次の２次関数のグラフの軸と頂点を求め，そのグラフをかけ。 ▶教p.86例題2

*(1) $y=2x^2-2x+3$

(2) $y=2x^2+6x-1$

*(3) $y=-3x^2-3x-1$

(4) $y=3x^2-9x+7$

149 次の 2 次関数のグラフの軸と頂点を求め，そのグラフをかけ。

*(1) $y=(x-2)(x+6)$

(2) $y=(x+3)(x-2)$

150 次の 2 次関数のグラフの軸と頂点を求め，そのグラフをかけ。 ▶教p.86例題2

*(1) $y=\frac{1}{2}x^2+x-3$

(2) $y=\frac{1}{3}x^2+2x+1$

(3)　$y=-\frac{1}{2}x^2+x+\frac{1}{2}$

(4)　$y=-\frac{1}{3}x^2-2x-2$

151　2 次関数 $y=x^2-6x+4$ のグラフをどのように平行移動すれば，2 次関数 $y=x^2+4x-2$ のグラフに重なるか。

▶教p.87応用例題1

152 2次関数 $y=-x^2-4x-7$ のグラフをどのように平行移動すれば，2次関数 $y=-x^2+2x-4$ のグラフに重なるか。

SPIRAL C

153 次の2つの放物線の頂点が一致するような定数 a，b の値を求めよ。

(1) $y=x^2-4x+5$,　$y=-x^2+2ax+b$

(2) $y=2x^2-4x+b$,　$y=x^2-ax$

思考力 PLUS グラフの平行移動・対称移動

SPIRAL A

154 次の点を，x 軸，y 軸，原点に関して対称移動した点の座標を求めよ。

(1) $(3,\ 4)$

(2) $(-2,\ 5)$

(3) $(-4,\ -2)$

(4) $(5,\ -3)$

SPIRAL B

グラフの平行移動

例題 16 2 次関数 $y=x^2-4x+7$ のグラフを，x 軸方向に -3，y 軸方向に 2 だけ平行移動した放物線をグラフとする 2 次関数を求めよ。

▶教 p.88 例1

解 求める 2 次関数は，$y=x^2-4x+7$ において，x を $x+3$ に，y を $y-2$ に置きかえて

$y-2=(x+3)^2-4(x+3)+7$　すなわち　$\boldsymbol{y=x^2+2x+6}$ 答

155 次の 2 次関数を，(　) 内のように平行移動した放物線をグラフとする 2 次関数を求めよ。

(1) $y=x^2+3x-4$ （x 軸方向に 2，y 軸方向に 3）

(2) $y=2x^2+x+1$ （x 軸方向に -1，y 軸方向に -2）

グラフの対称移動

例題 17　2 次関数 $y=2x^2-3x+5$ のグラフを，x 軸，y 軸，原点に関して対称移動した放物線をグラフとする 2 次関数をそれぞれ求めよ。

▶教 p.89 例1

解　求める 2 次関数は，それぞれ

x 軸：$-y=2x^2-3x+5$　すなわち　$\boldsymbol{y=-2x^2+3x-5}$　答

y 軸：$y=2(-x)^2-3(-x)+5$　すなわち　$\boldsymbol{y=2x^2+3x+5}$　答

原点：$-y=2(-x)^2-3(-x)+5$　すなわち　$\boldsymbol{y=-2x^2-3x-5}$　答

156　次の 2 次関数のグラフを，x 軸，y 軸，原点に関して対称移動した放物線をグラフとする 2 次関数をそれぞれ求めよ。

(1)　$y=x^2+2x-3$

(2)　$y=-2x^2-x+5$

3 2次関数の最大・最小

SPIRAL A

157 次の2次関数に最大値，最小値があれば，それを求めよ。 ▶教p.91 例13

*(1) $y=3(x+2)^2-5$

(2) $y=-2(x-3)^2+5$

*(3) $y=-(x+4)^2-2$

(4) $y=2(x-1)^2-4$

158 次の2次関数に最大値，最小値があれば，それを求めよ。 ▶教p.91 例題3

*(1) $y=x^2-4x+1$

(2) $y=2x^2+12x+7$

(3) $y=-x^2-8x+4$

*(4) $y=-3x^2+6x-5$

159 次の 2 次関数の最大値，最小値を求めよ。 ▶教p.92例14

*(1) $y = 2x^2 \quad (1 \leqq x \leqq 2)$

(2) $y = x^2 \quad (-4 \leqq x \leqq 2)$

(3) $y = 3x^2 \quad (-3 \leqq x \leqq -1)$

*(4) $y = -x^2 \quad (-3 \leqq x \leqq -1)$

*(5) $y = -2x^2 \quad (1 \leqq x \leqq 4)$

(6) $y = -3x^2 \quad (-2 \leqq x \leqq 1)$

160 次の２次関数の最大値，最小値を求めよ。 ▶教p.93例題4

*(1) $y=x^2+2x-3 \quad (1 \leqq x \leqq 3)$

(2) $y=x^2+6x-3 \quad (-2 \leqq x \leqq 1)$

*(3) $y=x^2-4x-1 \quad (-1 \leqq x \leqq 3)$

(4) $y=2x^2-8x+7 \quad (0 \leqq x \leqq 2)$

*(5) $y=-x^2-4x-3 \quad (-3 \leqq x \leqq 2)$

(6) $y=-2x^2+4x-1 \quad (-1 \leqq x \leqq 3)$

SPIRAL B

161 次の 2 次関数に最大値，最小値があれば，それを求めよ。 ▶教 p.91 例題3

*(1) $y=x^2+5x-3$

(2) $y=2x^2-6x+3$

*(3) $y=-x^2-x+2$

(4) $y=\frac{1}{2}x^2-3x+2$

162 次の 2 次関数に最大値，最小値があれば，それを求めよ。 ▶教 p.93 例題4

*(1) $y=(x-3)(x+1)$ $(-1 \leqq x \leqq 4)$

(2) $y=(x+2)(x+4)$ $(-2 < x \leqq 1)$

*(3) $y=x^2+7x-5$ $(-2 < x \leqq -1)$

(4) $y=-\frac{1}{2}x^2-x-2$ $(-3 \leqq x \leqq 2)$

*163　長さ 36 m のロープで，長方形の囲いをつくりたい。できるだけ面積が広い囲いをつくるには，どのような長方形をつくればよいか。 ▶教 p.94 応用例題2

164　1 辺が 100 cm の正方形 ABCD に，それより小さい正方形 EFGH を右の図のように内接させる。正方形 EFGH の面積を y cm^2 とするとき，y の最小値を求めよ。

▶教 p.94 応用例題2

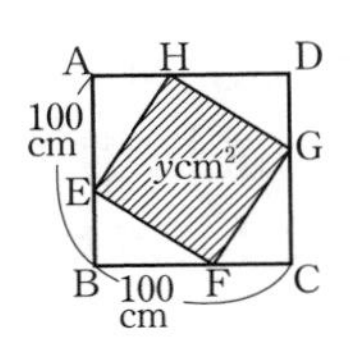

*165　ある品物の価格が 1 個 100 円のときには，1 日 400 個の売上がある。価格を 1 個につき 1 円値上げすると 1 日 2 個の割合で売上が減る。1 日の売上金額を最大にするには，価格をいくらにすればよいか。ただし，消費税は考えないものとする。　▶教 p.94 応用例題2

SPIRAL C

2 次関数の定数項の決定

例題 18 2 次関数 $y=x^2-4x+c$ $(-2 \leqq x \leqq 3)$ の最大値が 11 であるとき，定数 c の値を求めよ。

考え方 軸が直線 $x=2$ で下に凸のグラフになるから，定義域の範囲で 2 と最も差が大きい x の値で y は最大になる。

解 $y=x^2-4x+c=(x-2)^2+c-4$

ゆえに，この 2 次関数のグラフは，軸が直線 $x=2$ で下に凸の放物線になるから，

2 と最も差が大きい $x=-2$ のとき y は最大になる。

よって $(-2)^2-4\times(-2)+c=11$ より $\boldsymbol{c=-1}$ 答

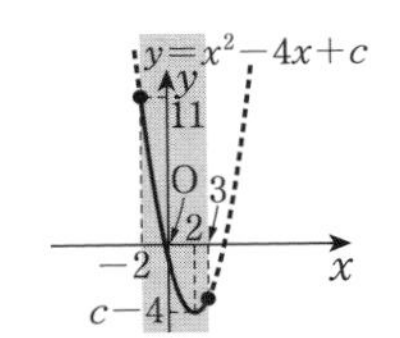

166 2 次関数 $y=x^2+2x+c$ $(-3 \leqq x \leqq 2)$ の最大値が 5 であるとき，定数 c の値を求めよ。

167 2 次関数 $y=-x^2+8x+c$ $(1 \leqq x \leqq 3)$ の最小値が -3 であるとき，定数 c の値を求めよ。

168　2次関数 $y=x^2-6x-3$ の $1 \leqq x \leqq a$ における最大値と最小値を，次の各場合についてそれぞれ求めよ。

▶教p.95思考力✚

(1)　$1<a<3$

(2)　$3 \leqq a<5$

(3)　$a \geqq 5$

169 $a>0$ のとき，2 次関数 $y=x^2-6x+4$ $(0 \leqq x \leqq a)$ の最小値を求めよ。

▶教p.95思考力✚

170 $a>0$ のとき，2 次関数 $y=-x^2+4x+2$ $(0 \leqq x \leqq a)$ の最大値を求めよ。

▶教p.95思考力✚

例題 19 1次の項が変化する場合の最大値・最小値

a は定数とする。2次関数 $y=x^2-2ax+1 \quad (0 \leqq x \leqq 1)$ の最小値を，次の各場合についてそれぞれ求めよ。

▶教p.124章末13

(1) $a<0$　　(2) $0 \leqq a \leqq 1$　　(3) $a>1$

考え方 (1)~(3)のそれぞれにおいて，軸が，定義域の左側，定義域内，定義域の右側のいずれの位置にあるか考える。

解　$y=x^2-2ax+1=(x-a)^2-a^2+1$

ゆえに，この関数のグラフの

軸は 直線 $x=a$，　頂点は 点 $(a,\ -a^2+1)$

(1) $a<0$ のとき，この関数のグラフは右の図の実線部分であり，軸は定義域の左側にある。

よって，y は，

$x=0$ のとき **最小値 1** をとる。 答

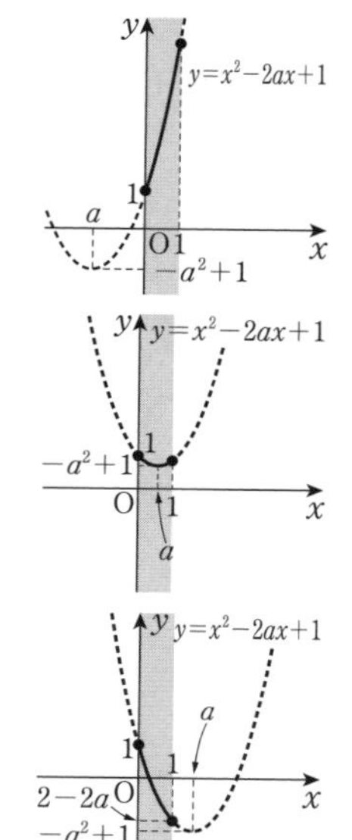

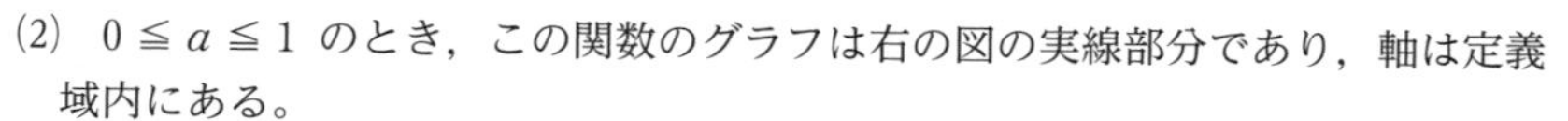

(2) $0 \leqq a \leqq 1$ のとき，この関数のグラフは右の図の実線部分であり，軸は定義域内にある。

よって，y は，

$x=a$ のとき **最小値 $-a^2+1$** をとる。 答

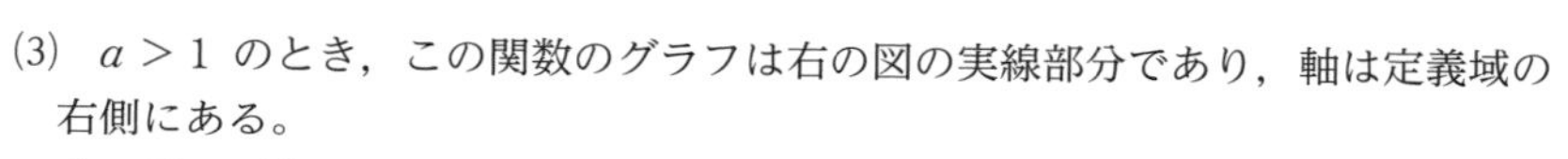

(3) $a>1$ のとき，この関数のグラフは右の図の実線部分であり，軸は定義域の右側にある。

よって，y は，

$x=1$ のとき **最小値 $2-2a$** をとる。 答

171　a は定数とする。2 次関数 $y=x^2-4ax+3$ $(0 \leqq x \leqq 1)$ の最小値を求めよ。

例題 20

a は定数とする。2 次関数 $y=x^2-4x$ $(a \leqq x \leqq a+1)$ の最小値を，次の各場合についてそれぞれ求めよ。

▶教 p.124 章末14

(1) $a<1$　　(2) $1 \leqq a \leqq 2$　　(3) $2<a$

考え方 (1)〜(3)のそれぞれにおいて，軸が，定義域の左側，定義域内，定義域の右側のいずれの位置にあるか考える。

解

$y=x^2-4x=(x-2)^2-4$

ゆえに，この関数のグラフの

軸は 直線 $x=2$，頂点は 点 $(2,\ -4)$

(1) $a<1$ のとき

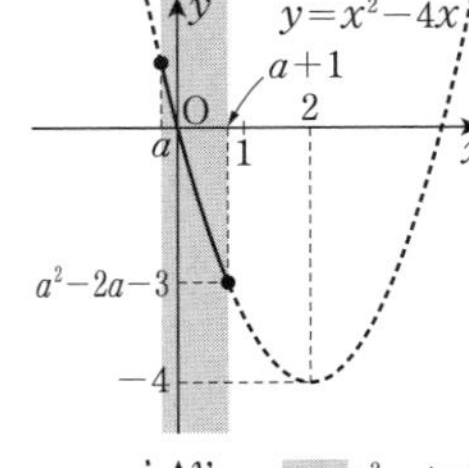

$a+1<2$ であるから，軸は定義域の右側にある。

$x=a+1$ のとき　$y=(a+1)^2-4(a+1)=a^2-2a-3$

よって，y は，

$x=a+1$ のとき　**最小値 a^2-2a-3** をとる。 答

(2) $1 \leqq a \leqq 2$ のとき

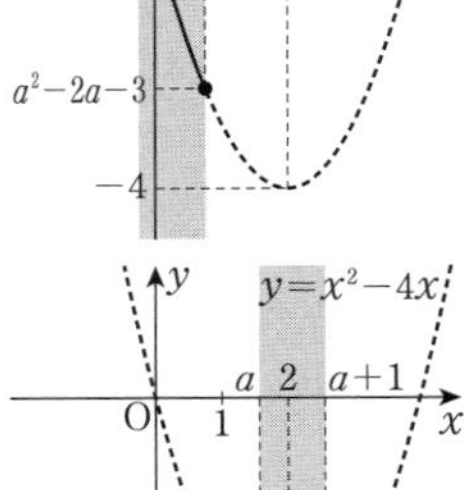

$a \leqq 2 \leqq a+1$ であるから，軸は定義域内にある。

よって，y は，

$x=2$ のとき　**最小値 -4** をとる。 答

(3) $2<a$ のとき

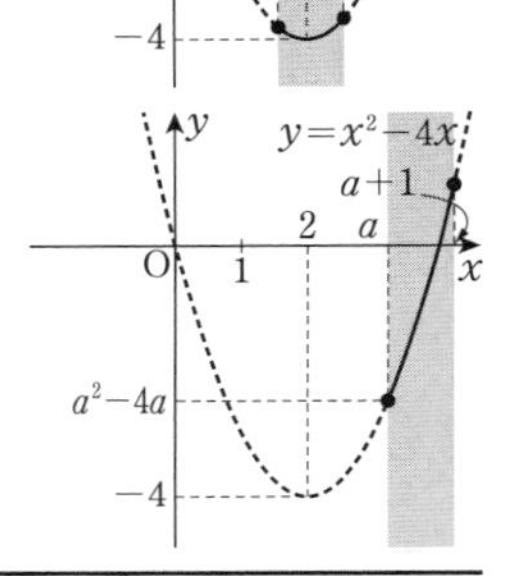

軸は定義域の左側にある。

$x=a$ のとき　$y=a^2-4a$

よって，y は，

$x=a$ のとき　**最小値 a^2-4a** をとる。 答

172 a は定数とする。2 次関数 $y=x^2-2x$ $(a \leqq x \leqq a+2)$ の最小値を，次の各場合についてそれぞれ求めよ。

(1) $a<-1$

(2) $-1 \leqq a \leqq 1$

(3) $1<a$

173 a は定数とする。2 次関数 $y=-x^2-2x$ $(a \leqq x \leqq a+2)$ の最大値を，次の各場合についてそれぞれ求めよ。

(1) $a<-3$

(2) $-3 \leqq a \leqq -1$

(3) $-1<a$

4 2次関数の決定

SPIRAL A

174 次の条件を満たす放物線をグラフとする2次関数を求めよ。 ▶教p.96 例題5

*(1) 頂点が点 $(-3,\ 5)$ で，点 $(-2,\ 3)$ を通る

(2) 頂点が点 $(2,\ -4)$ で，原点を通る

175 次の条件を満たす放物線をグラフとする2次関数を求めよ。 ▶教p.97 例題6

*(1) 軸が直線 $x=3$ で，2点 $(1,\ -2)$，$(4,\ -8)$ を通る

(2) 軸が直線 $x=-1$ で，2点 $(0,\ 1)$，$(2,\ 17)$ を通る

176 次の3点を通る放物線をグラフとする2次関数を求めよ。 ▶教 p.98 例題7

*(1) $(0,\ -1)$，$(1,\ 2)$，$(2,\ 7)$

(2) $(0,\ 2)$，$(-2,\ -14)$，$(3,\ -4)$

SPIRAL B

177 次の条件を満たす 2 次関数を求めよ。

*(1) $x=2$ で最小値 -3 をとり，グラフが点 $(4,\ 5)$ を通る

(2) $x=-1$ で最大値 4 をとり，グラフが点 $(1,\ 2)$ を通る

***178** $x=2$ で最大値をとり，グラフが 2 点 $(-1,\ 3)$，$(3,\ 11)$ を通る 2 次関数を求めよ。

179 次の条件を満たす放物線をグラフとする2次関数を求めよ。

*(1) 放物線 $y=x^2+3x$ を平行移動したもので，2点 $(1,\ -2)$，$(4,\ 1)$ を通る

(2) 頂点が放物線 $y=-2x^2+8x-5$ と同じで，点 $(5,\ 12)$ を通る

SPIRAL C

180 次の連立 3 元 1 次方程式を解け。 ▶教 p.99 思考力✚

*(1) $\begin{cases} x+y+z=3 \\ 9x+3y+z=5 \\ 4x+2y+z=3 \end{cases}$

(2) $\begin{cases} x-2y+z=5 \\ 2x-y-z=4 \\ 3x+6y+2z=2 \end{cases}$

181 次の 3 点を通る放物線をグラフとする 2 次関数を求めよ。 ▶教p.99思考力✚

*(1) $(-1,\ 2)$, $(1,\ 2)$, $(2,\ 8)$

(2) $(-2,\ 7)$, $(-1,\ 2)$, $(2,\ -1)$

*(3) $(1,\ 2)$, $(3,\ 6)$, $(-2,\ 11)$

例題 21 放物線 $y=x^2-2mx+3$ の頂点が直線 $y=3x-1$ 上にあるとき，定数 m の値を求めよ。

解　$y=x^2-2mx+3=(x-m)^2-m^2+3$

ゆえに，この放物線の頂点は点 $(m,\ -m^2+3)$ である。

この点が直線 $y=3x-1$ 上にあるから

$-m^2+3=3m-1$ より　$m^2+3m-4=0$

ゆえに　$(m-1)(m+4)=0$

よって　$\boldsymbol{m=1,\ -4}$　答

182 放物線 $y=x^2-4mx-5$ の頂点が直線 $y=-2x-8$ 上にあるとき，定数 m の値を求めよ。

183 放物線 $y=x^2+2bx+c$ が点 $(1,\ 4)$ を通るとき，次の問いに答えよ。

(1)　c を b の式で表せ。

(2) この放物線の頂点が直線 $y=-x+3$ 上にあるとき，定数 b，c の値を求めよ。

例題 22 ―グラフ上の１点と x 軸との共有点が与えられた２次関数

２次関数のグラフが x 軸と２点 $(-1,\ 0)$ と $(3,\ 0)$ で交わり，点 $(4,\ 5)$ を通るとき，その２次関数を求めよ。

解　２次関数のグラフが x 軸と２点 $(-1,\ 0)$ と $(3,\ 0)$ で交わるから，
求める２次関数は $y=a(x+1)(x-3)$ と表すことができる。
このグラフが点 $(4,\ 5)$ を通るから
　$5=a(4+1)(4-3)$ より　$a=1$
よって，求める２次関数は　$\boldsymbol{y=(x+1)(x-3)}$ 答

184　２次関数のグラフが x 軸と２点 $(-4,\ 0)$ と $(2,\ 0)$ で交わり，点 $(3,\ -7)$ を通るとき，その２次関数を求めよ。

2節　2次方程式と2次不等式

1　2次関数のグラフと2次方程式

SPIRAL A

185　次の2次方程式を解け。 ▶教p.101 例1

*(1)　$(x+1)(x-2)=0$

(2)　$(2x+1)(3x-2)=0$

*(3)　$x^2+2x-3=0$

(4)　$x^2-7x+12=0$

(5)　$x^2-25=0$

*(6)　$x^2+4x=0$

186 次の 2 次方程式を解け。 ▶教p.102例2

*(1) $x^2+3x+1=0$

(2) $x^2-5x+3=0$

*(3) $3x^2-5x-1=0$

(4) $3x^2+8x+2=0$

*(5) $x^2+6x-8=0$

(6) $6x^2-5x-4=0$

187 次の 2 次方程式の実数解の個数を求めよ。 ▶教 p.104 例3

*(1) $3x^2-5x+2=0$

(2) $x^2-x+3=0$

(3) $3x^2+6x-1=0$

*(4) $4x^2-4x+1=0$

***188**　2次方程式 $3x^2-4x-m=0$ が異なる2つの実数解をもつような定数 m の値の範囲を求めよ。

▶教p.105 例題1

***189**　2次方程式 $2x^2+4mx+5m+3=0$ が重解をもつような定数 m の値を求めよ。また，そのときの重解を求めよ。

▶教p.105 例題2

190 次の 2 次関数のグラフと x 軸の共有点の x 座標を求めよ。 ▶教p.106例4

*(1) $y=x^2+5x+6$

(2) $y=x^2-3x-4$

*(3) $y=-x^2+7x-12$

(4) $y=-x^2-6x-8$

191 次の 2 次関数のグラフと x 軸の共有点の個数を求めよ。 ▶教 p.108 例6

(1) $y=x^2-4x+2$

*(2) $y=2x^2-12x+18$

*(3) $y=-3x^2+5x-1$

(4) $y=x^2+2$

*(5)　$y=x^2-2x$

(6)　$y=3x^2+3x+1$

192　次の問いに答えよ。　▶教 p.109 例題3

*(1)　2 次関数 $y=x^2-4x-2m$ のグラフと x 軸の共有点の個数が 2 個であるとき，定数 m の値の範囲を求めよ。

(2)　2 次関数 $y=-x^2+4x+3m-2$ のグラフと x 軸の共有点がないとき，定数 m の値の範囲を求めよ。

***193**　2 次関数 $y=x^2+(m+2)x+2m+5$ のグラフが x 軸に接するとき，定数 m の値を求めよ。

▶教 p.109 例題4

SPIRAL B

194 次の 2 次関数のグラフと x 軸の共有点を A，B とする。このとき，線分 AB の長さを求めよ。

*(1) $y=2x^2-5x+3$　　(2) $y=-3x^2+x+5$

195 2 次関数 $y=-x^2+2x-2m+3$ のグラフと x 軸の共有点の個数が，定数 m の値によってどのように変化するか調べよ。

196　2次関数 $y=ax^2+bx+c$ のグラフが次の図のような放物線であるとき，定数 a，b，c と b^2-4ac，$a+b+c$，$a-b+c$ の符号を求めよ。

(1)

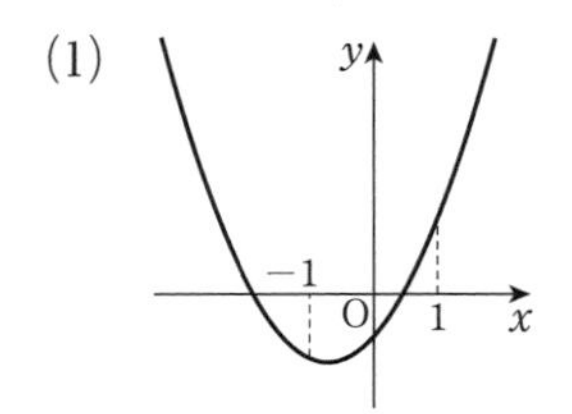

(2)

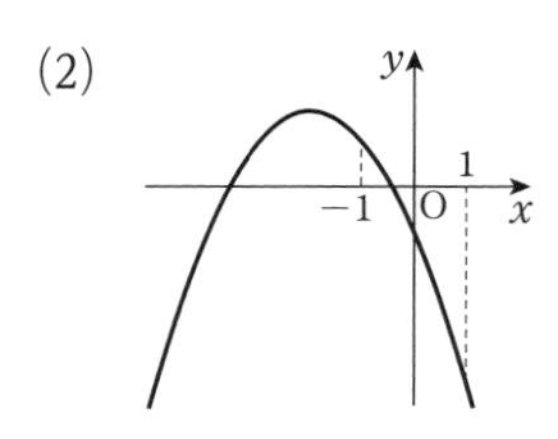

SPIRAL C

放物線と直線の共有点

例題 23 次の放物線と直線の共有点の座標を求めよ。

▶教 p.110 思考力✚発展

(1) $y=x^2-2x+5$, $y=x+9$　(2) $y=x^2+3x+2$, $y=-x-2$

考え方 放物線 $y=f(x)$ と直線 $y=g(x)$ の共有点の x 座標は，方程式 $f(x)=g(x)$ の実数解である。

解 (1) 共有点の x 座標は，$x^2-2x+5=x+9$ の実数解である。
これを解くと $(x+1)(x-4)=0$ より　$x=-1$, 4
$y=x+9$ に代入すると　$x=-1$ のとき $y=8$,　$x=4$ のとき $y=13$
よって，共有点の座標は　**$(-1,\ 8)$, $(4,\ 13)$** 答

(2) 共有点の x 座標は，$x^2+3x+2=-x-2$ の実数解である。
これを解くと $(x+2)^2=0$ より　$x=-2$
$y=-x-2$ に代入すると　$x=-2$ のとき $y=0$
よって，共有点の座標は　**$(-2,\ 0)$** 答

197 次の放物線と直線の共有点の座標を求めよ。

(1) $y=x^2+4x-1$, $y=2x+3$

(2) $y=-x^2+3x+1$, $y=-x+5$

2つの放物線の共有点

例題 24 次の2つの放物線の共有点の座標を求めよ。

$y = x^2 - 1$, $y = -x^2 + 2x + 3$

解 共有点の x 座標は，$x^2 - 1 = -x^2 + 2x + 3$ の実数解である。

これを解くと

$(x+1)(x-2) = 0$ より　$x = -1, 2$

$y = x^2 - 1$ に代入すると　$x = -1$ のとき $y = 0$

$x = 2$ のとき $y = 3$

よって，共有点の座標は　$(\mathbf{-1, 0}), (\mathbf{2, 3})$ 答

198 次の2つの放物線の共有点の座標を求めよ。

$y = -x^2 + x - 1$, $y = x^2 - 2x$

2 2次関数のグラフと2次不等式

SPIRAL A

199 次の1次不等式を解け。 ▶教p.111例7

(1) $3x-15<0$

(2) $5-2x \geqq 0$

200 次の2次不等式を解け。 ▶教p.113例8

*(1) $(x-3)(x-5)<0$

(2) $(x-1)(x+2) \leqq 0$

(3) $(x+3)(x-2)>0$

*(4) $x(x+4) \geqq 0$

*(5) $x^2 - 3x - 40 < 0$

(6) $x^2 - 7x + 10 \geqq 0$

*(7) $x^2 - 16 > 0$

(8) $x^2 + x < 0$

201 次の２次不等式を解け。 ▶教p.114例題5

*(1) $(2x-1)(3x+2)<0$

(2) $(5x+3)(2x-3)\geqq 0$

*(3) $2x^2-5x-3>0$

(4) $3x^2-7x+4\leqq 0$

(5) $6x^2+x-2<0$

(6) $10x^2-9x-9\geqq 0$

202 次の 2 次不等式を解け。 ▶教p.114例題6

(1) $x^2-2x-4 \geqq 0$

*(2) $x^2+5x+3 \leqq 0$

*(3) $2x^2-x-2>0$

(4) $3x^2+2x-2<0$

203 次の２次不等式を解け。 ▶教p.115例題7

*(1) $-x^2-2x+8<0$

(2) $-2x^2+x+3 \geqq 0$

(3) $-x^2+4x-1 \leqq 0$

*(4) $-2x^2-x+4>0$

204 次の 2 次不等式を解け。 ▶教 p.116 例9

*(1) $(x-2)^2>0$

(2) $(2x+3)^2\leqq 0$

(3) $x^2+4x+4<0$

*(4) $x^2-12x+36\geqq 0$

*(5) $9x^2+6x+1\leqq 0$

(6) $4x^2-12x+9>0$

205 次の 2 次不等式を解け。 ▶教p.117例10

*(1) $x^2+4x+5>0$

*(2) $3x^2-6x+4 \leqq 0$

(3) $-x^2+2x-3 \leqq 0$

(4) $2x^2-8x+9 \geqq 0$

SPIRAL B

206 次の2次不等式を解け。

*(1) $3-2x-x^2>0$

(2) $3-x>2x^2$

*(3) $5+3x+2x^2 \geqq x^2+7x+2$

(4) $1-x-x^2>2x^2+8x-2$

207 次の連立不等式を解け。 ▶教p.119応用例題1

*(1) $\begin{cases} 2x+6<0 \\ x^2+6x+8 \geqq 0 \end{cases}$

(2) $\begin{cases} -2x+7>0 \\ x^2-6x-16 \leqq 0 \end{cases}$

208 次の連立不等式を解け。 ▶教p.119応用例題1

*(1) $\begin{cases} x^2+4x-5 \leqq 0 \\ x^2-2x-8>0 \end{cases}$

(2) $\begin{cases} x^2-5x+6>0 \\ 2x^2-x-10>0 \end{cases}$

(3) $\begin{cases} x^2 + 4x + 3 \leqq 0 \\ x^2 + 7x + 10 < 0 \end{cases}$

*(4) $\begin{cases} x^2 - x - 6 < 0 \\ x^2 - 2x > 0 \end{cases}$

209 次の不等式を解け。

*(1) $4 < x^2 - 3x \leqq 10$

(2) $7x - 4 \leqq x^2 + 2x < 4x + 3$

***210** 縦 6 m，横 10 m の長方形の花壇(かだん)がある。この花壇に，垂直に交わる同じ幅の道をつくり，道の面積を，もとの花壇全体の面積の $\frac{1}{4}$ 以下になるようにしたい。道の幅を何 m 以下にすればよいか。

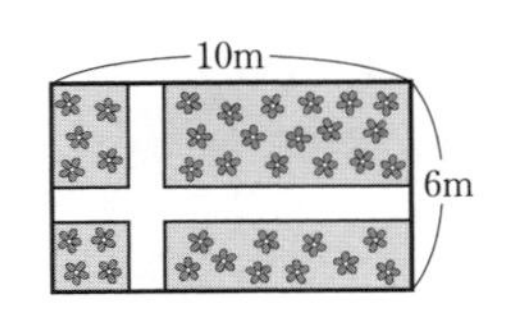

▶教 p.120 応用例題2

211 次の不等式を満たす整数 x をすべて求めよ。

*(1) $x^2 - x - 12 < 0$

(2) $x^2 - 4x - 2 < 0$

例題 25　2次方程式 $3x^2+2mx+m+6=0$ が実数解をもつような定数 m の値の範囲を求めよ。

解　2次方程式 $3x^2+2mx+m+6=0$ の判別式を D とすると

$$D=(2m)^2-4\times3\times(m+6)=4m^2-12m-72$$

この2次方程式が実数解をもつためには，$D\geqq0$ であればよい。

ゆえに，$4m^2-12m-72\geqq0$　より　$(m+3)(m-6)\geqq0$

よって　　$\boldsymbol{m\leqq-3,\ 6\leqq m}$　**答**

212　2次方程式 $x^2+4mx+11m-6=0$ が異なる2つの実数解をもつような定数 m の値の範囲を求めよ。

213　2次方程式 $x^2-mx+2m+5=0$ が実数解をもたないような定数 m の値の範囲を求めよ。

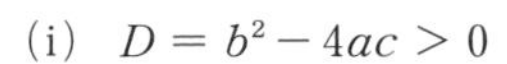

SPIRAL C

例題 26　2次方程式 $x^2-2mx-3m+4=0$ が異なる2つの正の実数解をもつように，定数 m の値の範囲を定めよ。

▶教 p.121 思考力✚

考え方　2次方程式 $ax^2+bx+c=0$ が異なる2つの正の実数解をもつ条件は，$a>0$ のとき

(i)　$D=b^2-4ac>0$

(ii)　軸 $x=-\dfrac{b}{2a}$ について　$-\dfrac{b}{2a}>0$

(iii)　グラフと y 軸の交点 $(0,\ c)$ について　$c>0$

の3つを同時に満たすことである。

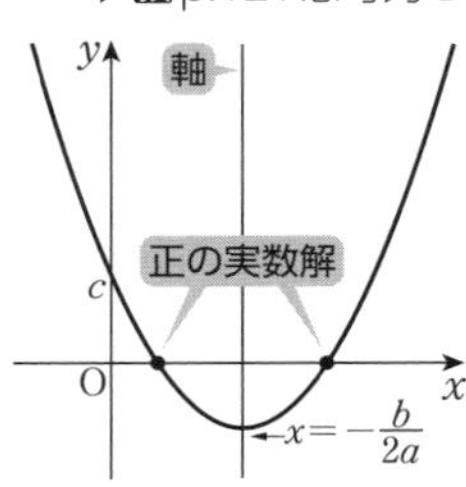

解　$f(x)=x^2-2mx-3m+4$ とおき，変形すると

$$f(x)=(x-m)^2-m^2-3m+4$$

2次方程式 $f(x)=0$ が異なる2つの正の実数解をもつのは，2次関数 $y=f(x)$ のグラフが x 軸の正の部分と異なる2点で交わるとき，すなわち，次の(i)，(ii)，(iii)が同時に成り立つときである。

(i)　グラフが x 軸と異なる2点で交わる

2次方程式 $x^2-2mx-3m+4=0$ の判別式を D とすると

$D=(-2m)^2-4(-3m+4)=4m^2+12m-16$

$D>0$ であればよいから　　$m^2+3m-4>0$

よって $(m+4)(m-1)>0$ より

$m<-4,\ 1<m$　……①

(ii)　グラフの軸が $x>0$ の部分にある

軸が直線 $x=m$ であることより

$m>0$　……②

(iii)　グラフが下に凸より，y 軸との交点の y 座標 $f(0)$ が正

$f(0)=-3m+4>0$ より

$m<\dfrac{4}{3}$　……③

①，②，③を同時に満たす m の値の範囲は

$$\mathbf{1<m<\dfrac{4}{3}}$$ 答

214　2次方程式 $x^2+4mx-m+3=0$ が異なる2つの正の実数解をもつように，定数 m の値の範囲を定めよ。

215　2 次方程式 $x^2 - mx + m + 3 = 0$ が異なる 2 つの負の実数解をもつように，定数 m の値の範囲を定めよ。

例題 27 次の関数のグラフをかけ。

(1) $y=|x-2|$　　(2) $y=|x^2-2x-3|$

考え方 絶対値の定義によって場合分けをして，絶対値記号をはずして考える。

解 (1) $y=|x-2|$ において，

(i) $x-2\geqq 0$ すなわち $x\geqq 2$ のとき

$y=x-2$

(ii) $x-2<0$ すなわち $x<2$ のとき

$y=-(x-2)=-x+2$

よって，$y=|x-2|$

のグラフは右の図のようになる。 答

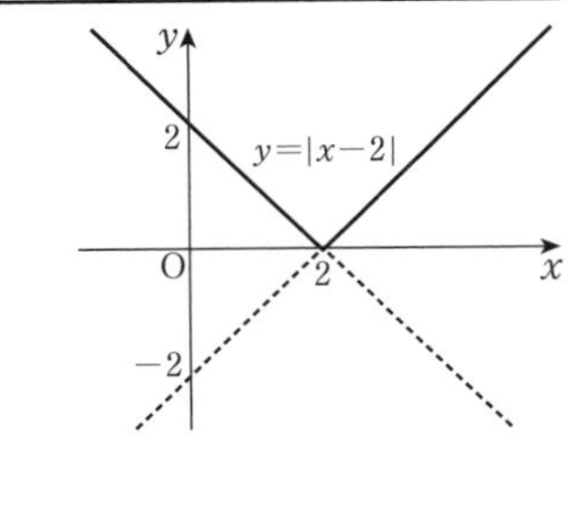

(2) $y=|x^2-2x-3|$ において，

(i) $x^2-2x-3\geqq 0$ を解くと $x\leqq -1,\ 3\leqq x$

このとき

$y=x^2-2x-3$

$=(x-1)^2-4$

(ii) $x^2-2x-3<0$ を解くと

$(x+1)(x-3)<0$ より $-1<x<3$

このとき

$y=-(x^2-2x-3)$

$=-x^2+2x+3$

$=-(x-1)^2+4$

よって，$y=|x^2-2x-3|$

のグラフは右の図のようになる。 答

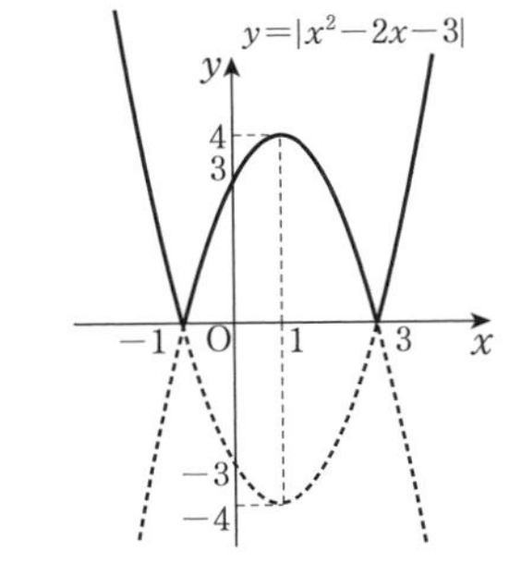

216 次の関数のグラフをかけ。

(1) $y=|x+1|$

(2) $y=|-2x+4|$

217 次の関数のグラフをかけ。

(1)　$y=|x^2-x|$

(2)　$y=|-x^2-2x+3|$

解答

130 (1) $\boldsymbol{y=3x}$ (2) $\boldsymbol{y=50x+500}$

131 (1) **6** (2) **21**

(3) **3** (4) $\boldsymbol{2a^2-5a+3}$

(5) $\boldsymbol{8a^2+10a+3}$ (6) $\boldsymbol{2a^2-a}$

132

(1) $y=2x+3$

(2) $y=-3x-2$

(3) $y=-\frac{1}{2}x+2$

133 (1) $y=3x-2$

(2) $\boldsymbol{-11 \leqq y \leqq 1}$

(3) $x=1$ のとき **最大値 1**

$x=-3$ のとき **最小値 −11**

134 (1) 値域は $\boldsymbol{-9 \leqq y \leqq 1}$

$x=3$ のとき **最大値 1**

$x=-2$ のとき **最小値 −9**

(2) 値域は $\boldsymbol{-2 \leqq y \leqq 0}$

$x=-3$ のとき **最大値 0**

$x=-5$ のとき **最小値 −2**

(3) 値域は $\boldsymbol{-1 \leqq y \leqq 2}$

$x=2$ のとき **最大値 2**

$x=5$ のとき **最小値 −1**

(4) 値域は $\boldsymbol{-4 \leqq y \leqq 11}$

$x=-4$ のとき **最大値 11**

$x=1$ のとき **最小値 −4**

135 (1) $\boldsymbol{a=2,\ b=1}$

(2) $\boldsymbol{a=-2,\ b=-4}$

136 (1) $\boldsymbol{y \geqq -11}$ (2) $\boldsymbol{y \leqq -8}$

137 (1) $\boldsymbol{a=2,\ b=1}$

(2) $\boldsymbol{a=-\frac{1}{2},\ b=\frac{3}{2}}$

138

(1)

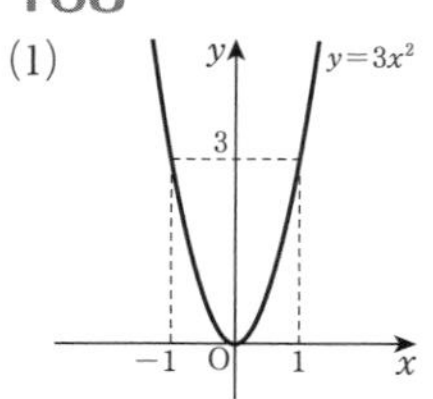

(2)

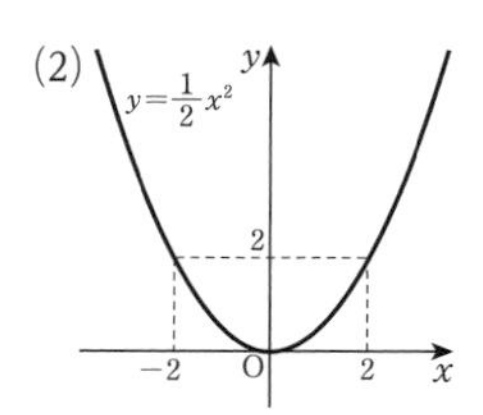

(3) $y=-\frac{1}{3}x^2$

139

(1)

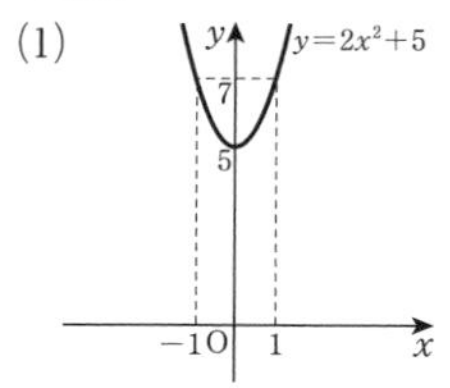

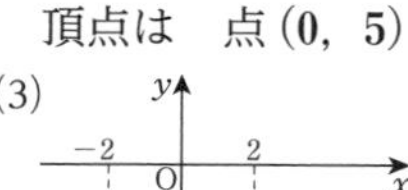

軸は **y軸**

頂点は **点(0, 5)**

(2)

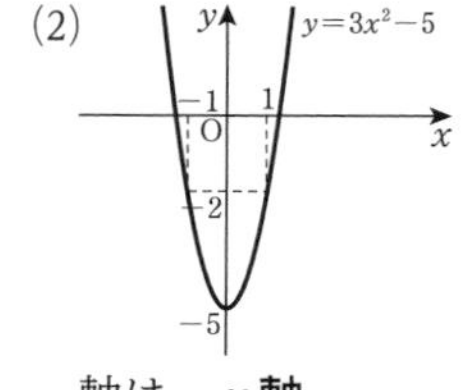

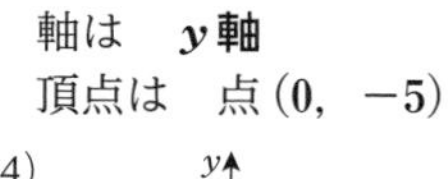

軸は **y軸**

頂点は **点(0, −5)**

(3)

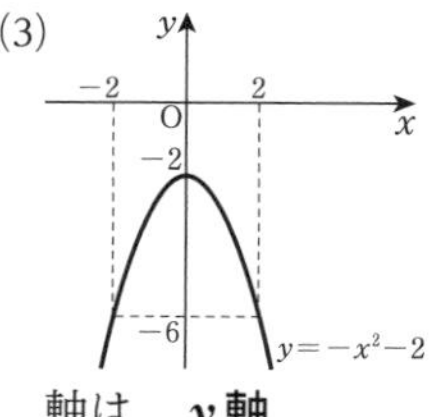

軸は **y軸**

頂点は **点(0, −2)**

(4)

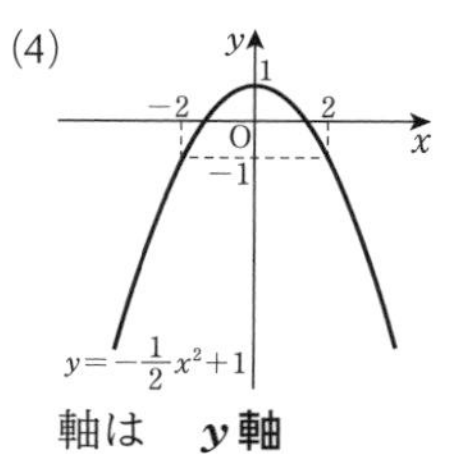

軸は **y軸**

頂点は **点(0, 1)**

140

(1)

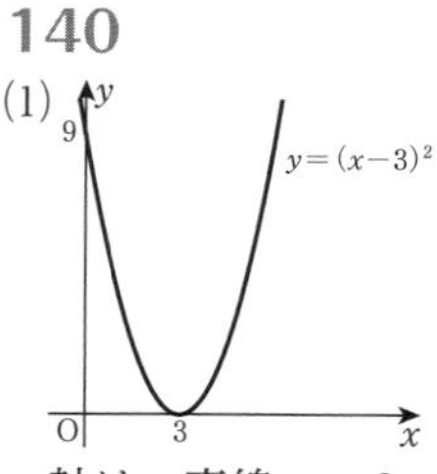

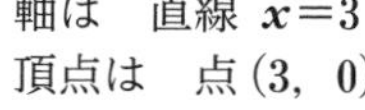

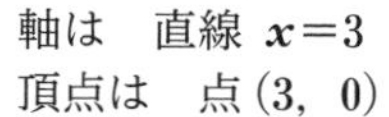

軸は **直線 $x=3$**

頂点は **点(3, 0)**

(2) $y=-(x+2)^2$

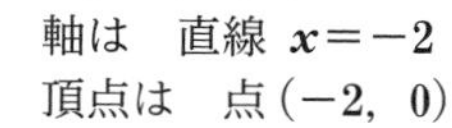

軸は **直線 $x=-2$**

頂点は **点(−2, 0)**

(3)

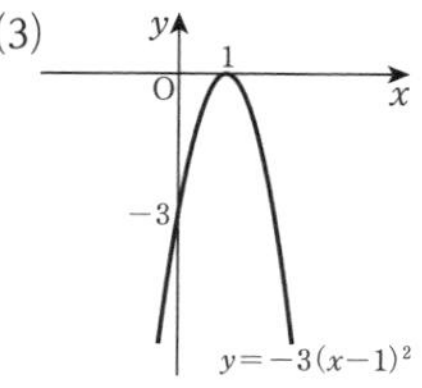

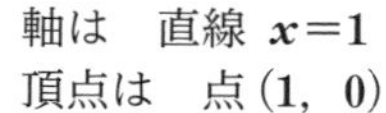

軸は **直線 $x=1$**

頂点は **点(1, 0)**

(4)

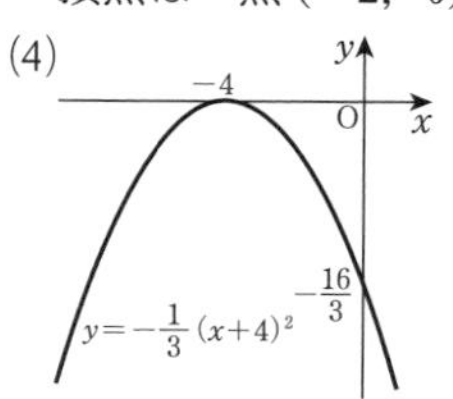

軸は **直線 $x=-4$**

頂点は **点(−4, 0)**

141

(1)

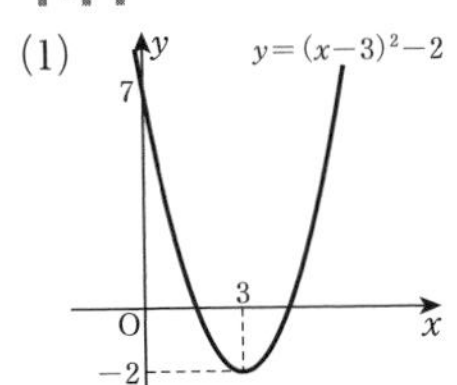

軸は　直線 $x=3$

頂点は　点 $(3,\ -2)$

(2)

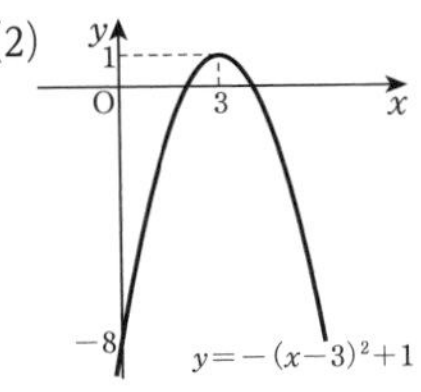

軸は　直線 $x=3$

頂点は　点 $(3,\ 1)$

(3)

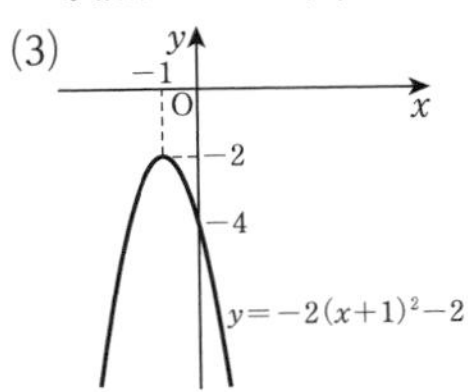

軸は　直線 $x=-1$

頂点は　点 $(-1,\ -2)$

(4)

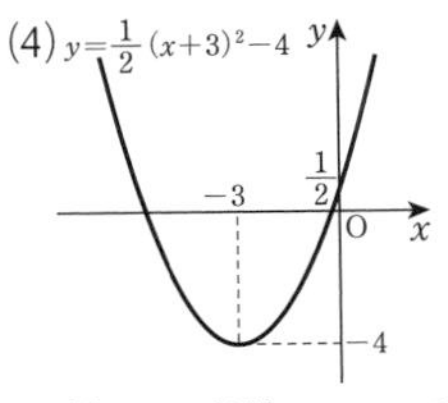

軸は　直線 $x=-3$

頂点は　点 $(-3,\ -4)$

142

(1) $y=(x-1)^2-1$

(2) $y=(x+2)^2-4$

(3) $y=(x-4)^2-7$

(4) $y=(x+3)^2-11$

(5) $y=(x+5)^2-30$

(6) $y=(x-2)^2$

143

(1) $y=\left(x-\dfrac{1}{2}\right)^2-\dfrac{1}{4}$

(2) $y=\left(x+\dfrac{5}{2}\right)^2-\dfrac{5}{4}$

(3) $y=\left(x-\dfrac{3}{2}\right)^2-\dfrac{17}{4}$

(4) $y=\left(x+\dfrac{1}{2}\right)^2-1$

144

(1) $y=2(x+3)^2-18$

(2) $y=3(x-1)^2-3$

(3) $y=3(x-2)^2-16$

(4) $y=2(x+1)^2+3$

(5) $y=4(x-1)^2-3$

(6) $y=2(x-2)^2$

145

(1) $y=-(x+2)^2$

(2) $y=-2(x-1)^2+5$

(3) $y=-3(x-2)^2+10$

(4) $y=-4(x+1)^2+1$

146

(1) 軸は　直線 $x=-3$

頂点は　点 $(-3,\ -2)$

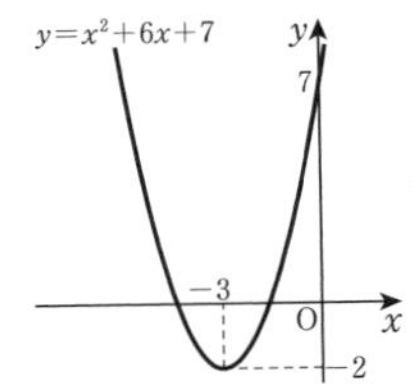

(2) 軸は　直線 $x=1$

頂点は　点 $(1,\ -4)$

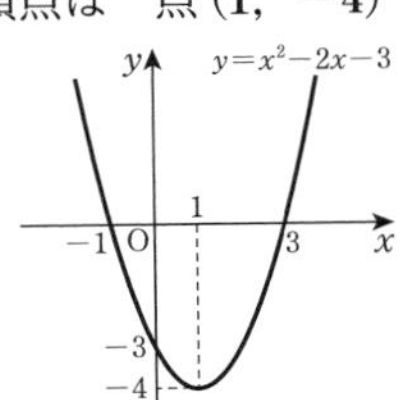

(3) 軸は　直線 $x=-2$

頂点は　点 $(-2,\ -5)$

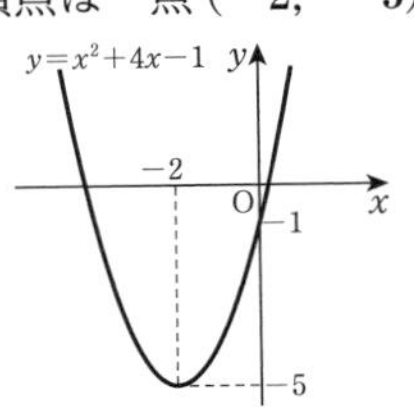

(4) 軸は　直線 $x=4$

頂点は　点 $(4,\ -3)$

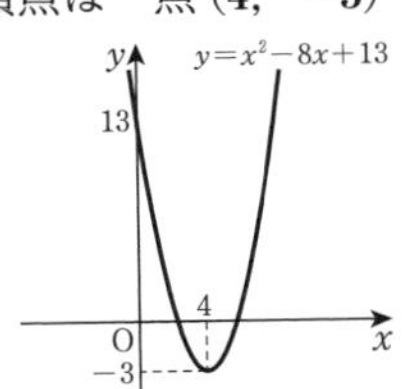

147

(1) 軸は　直線 $x=2$

頂点は　点 $(2,\ -5)$

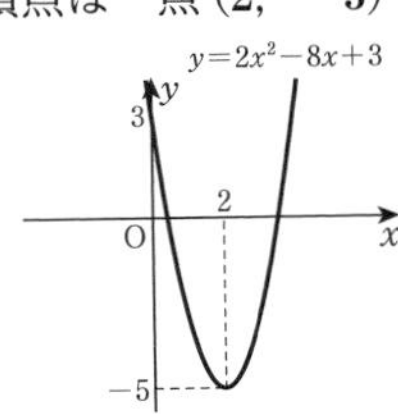

(2) 軸は　直線 $x=-1$

頂点は　点 $(-1,\ 2)$

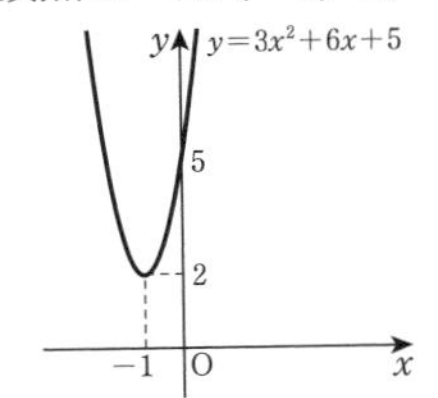

(3) 軸は　直線 $x=-1$

頂点は　点 $(-1,\ 7)$

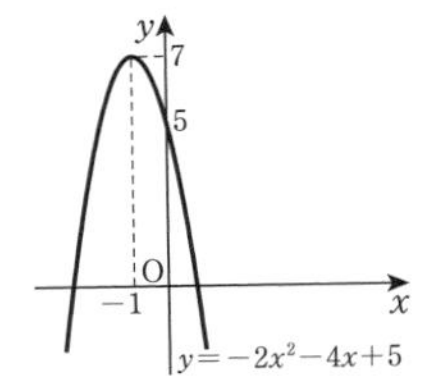

(4) 軸は　直線 $x=2$

頂点は　点 $(2,\ 4)$

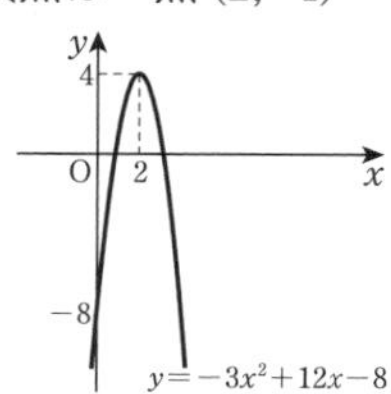

148 (1) 軸は　直線 $x=\frac{1}{2}$

頂点は　点 $\left(\frac{1}{2},\ \frac{5}{2}\right)$

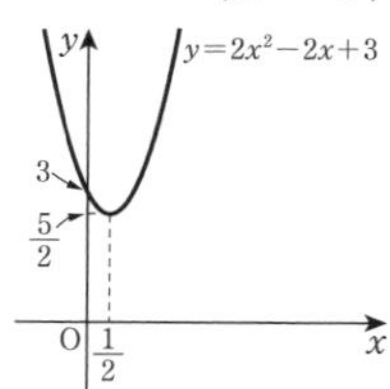

(2) 軸は　直線 $x=-\frac{3}{2}$

頂点は　点 $\left(-\frac{3}{2},\ -\frac{11}{2}\right)$

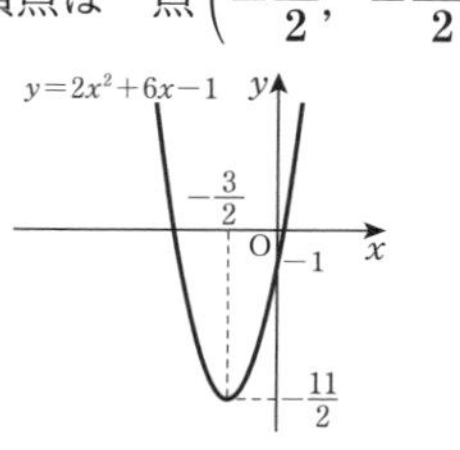

(3) 軸は　直線 $x=-\frac{1}{2}$

頂点は　点 $\left(-\frac{1}{2},\ -\frac{1}{4}\right)$

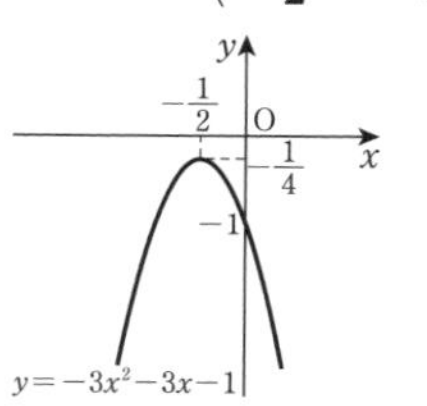

(4) 軸は　直線 $x=\frac{3}{2}$

頂点は　点 $\left(\frac{3}{2},\ \frac{1}{4}\right)$

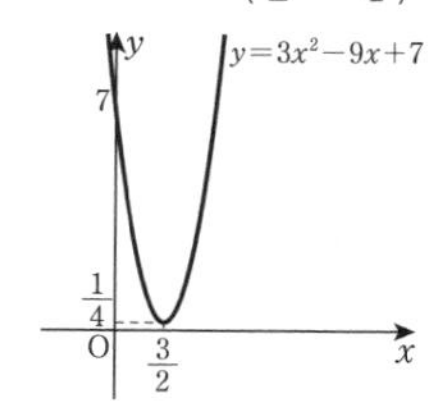

149 (1) 軸は　直線 $x=-2$

頂点は　点 $(-2,\ -16)$

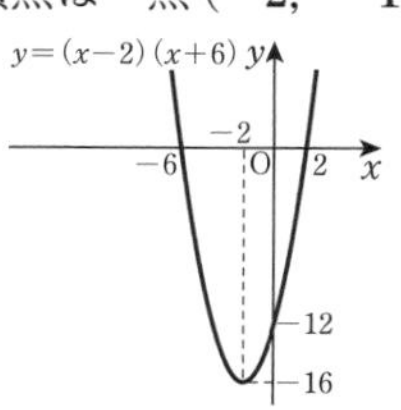

(2) 軸は　直線 $x=-\frac{1}{2}$

頂点は　点 $\left(-\frac{1}{2},\ -\frac{25}{4}\right)$

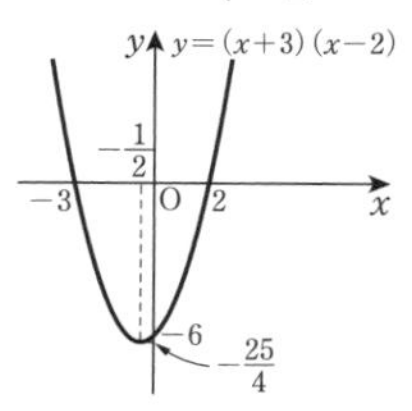

150 (1) 軸は　直線 $x=-1$

頂点は　点 $\left(-1,\ -\frac{7}{2}\right)$

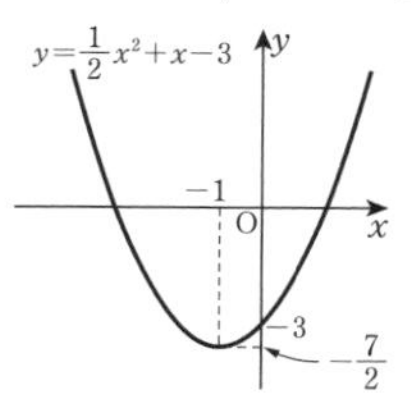

(2) 軸は　直線 $x=-3$

頂点は　点 $(-3,\ -2)$

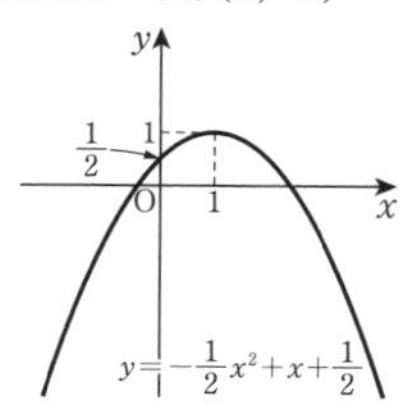

(3) 軸は　直線 $x=1$

頂点は　点 $(1,\ 1)$

(4)　軸は　直線 $x=-3$
頂点は　点 $(-3,\ 1)$

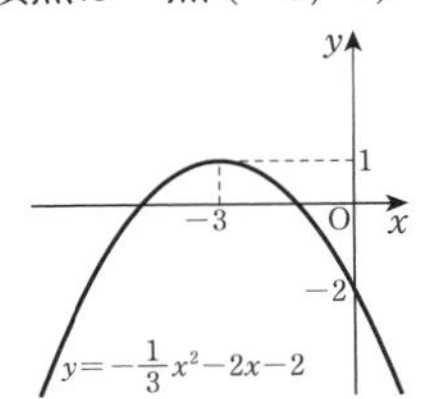

151　x 軸方向に -5，y 軸方向に -1

152　x 軸方向に 3

153　(1)　$a=2,\ b=-3$
(2)　$a=2,\ b=1$

154　(1) x 軸：$(3,\ -4)$　y 軸：$(-3,\ 4)$
原点：$(-3,\ -4)$
(2) x 軸：$(-2,\ -5)$　y 軸：$(2,\ 5)$　原点：$(2,\ -5)$
(3) x 軸：$(-4,\ 2)$　y 軸：$(4,\ -2)$　原点：$(4,\ 2)$
(4) x 軸：$(5,\ 3)$　y 軸：$(-5,\ -3)$　原点：$(-5,\ 3)$

155　(1)　$y=x^2-x-3$
(2)　$y=2x^2+5x+2$

156　(1)　x 軸：$y=-x^2-2x+3$
y 軸：$y=x^2-2x-3$
原点：$y=-x^2+2x+3$
(2)　x 軸：$y=2x^2+x-5$
y 軸：$y=-2x^2+x+5$
原点：$y=2x^2-x-5$

157　(1)　$x=-2$ のとき　**最小値** -5
最大値はない。
(2)　$x=3$ のとき　**最大値** 5　**最小値はない。**
(3)　$x=-4$ のとき　**最大値** -2　**最小値はない。**
(4)　$x=1$ のとき　**最小値** -4　**最大値はない。**

158　(1)　$x=2$ のとき　**最小値** -3
最大値はない。
(2)　$x=-3$ のとき　**最小値** -11
最大値はない。
(3)　$x=-4$ のとき　**最大値** 20　**最小値はない。**
(4)　$x=1$ のとき　**最大値** -2　**最小値はない。**

159　(1)　$x=2$ のとき　**最大値** 8
$x=1$ のとき　**最小値** 2
(2)　$x=-4$ のとき　**最大値** 16
$x=0$ のとき　**最小値** 0
(3)　$x=-3$ のとき　**最大値** 27
$x=-1$ のとき　**最小値** 3
(4)　$x=-1$ のとき　**最大値** -1
$x=-3$ のとき　**最小値** -9
(5)　$x=1$ のとき　**最大値** -2
$x=4$ のとき　**最小値** -32
(6)　$x=0$ のとき　**最大値** 0
$x=-2$ のとき　**最小値** -12

160
(1)　$x=3$ のとき　**最大値** 12
$x=1$ のとき　**最小値** 0
(2)　$x=1$ のとき　**最大値** 4
$x=-2$ のとき　**最小値** -11
(3)　$x=-1$ のとき　**最大値** 4
$x=2$ のとき　**最小値** -5
(4)　$x=0$ のとき　**最大値** 7
$x=2$ のとき　**最小値** -1
(5)　$x=-2$ のとき　**最大値** 1
$x=2$ のとき　**最小値** -15
(6)　$x=1$ のとき　**最大値** 1
$x=-1,\ 3$ のとき　**最小値** -7

161　(1)　$x=-\frac{5}{2}$ のとき　**最小値** $-\frac{37}{4}$
最大値はない。
(2)　$x=\frac{3}{2}$ のとき　**最小値** $-\frac{3}{2}$
最大値はない。
(3)　$x=-\frac{1}{2}$ のとき　**最大値** $\frac{9}{4}$
最小値はない。
(4)　$x=3$ のとき　**最小値** $-\frac{5}{2}$
最大値はない。

162　(1)　$x=4$ のとき　**最大値** 5
$x=1$ のとき　**最小値** -4
(2)　$x=1$ のとき　**最大値** 15
最小値はない。
(3)　$x=-1$ のとき　**最大値** -11
最小値はない。
(4)　$x=-1$ のとき　**最大値** $-\frac{3}{2}$
$x=2$ のとき　**最小値** -6

163　1辺が 9 m の正方形

164　5000

165　150円

166　$c=-3$

167　$c=-10$

168　(1)　$1<a<3$
$x=1$ のとき　**最大値** -8
$x=a$ のとき　**最小値** a^2-6a-3
(2)　$3\leqq a<5$
$x=1$ のとき　**最大値** -8
$x=3$ のとき　**最小値** -12

(3)　$a \geqq 5$

$x=a$ のとき　**最大値** $\boldsymbol{a^2-6a-3}$

$x=3$ のとき　**最小値** $\boldsymbol{-12}$

169　$0<a<3$ のとき

$x=a$ で　**最小値** $\boldsymbol{a^2-6a+4}$

$a \geqq 3$ のとき $x=3$ で　**最小値** $\boldsymbol{-5}$

170　$0<a<2$ のとき

$x=a$ で　**最大値** $\boldsymbol{-a^2+4a+2}$

$a \geqq 2$ のとき $x=2$ で　**最大値** $\boldsymbol{6}$

171　$a<0$ のとき $x=0$ で　**最小値** $\boldsymbol{3}$

$0 \leqq a \leqq \frac{1}{2}$ のとき $x=2a$ で　**最小値** $\boldsymbol{-4a^2+3}$

$a>\frac{1}{2}$ のとき $x=1$ で　**最小値** $\boldsymbol{4-4a}$

172　(1)　$x=a+2$ のとき　$\boldsymbol{a^2+2a}$

(2)　$x=1$ のとき　$\boldsymbol{-1}$

(3)　$x=a$ のとき　$\boldsymbol{a^2-2a}$

173　(1)　$x=a+2$ のとき　$\boldsymbol{-a^2-6a-8}$

(2)　$x=-1$ のとき　$\boldsymbol{1}$

(3)　$x=a$ のとき　$\boldsymbol{-a^2-2a}$

174　(1)　$\boldsymbol{y=-2(x+3)^2+5}$

(2)　$\boldsymbol{y=(x-2)^2-4}$

175　(1)　$\boldsymbol{y=2(x-3)^2-10}$

(2)　$\boldsymbol{y=2(x+1)^2-1}$

176　(1)　$\boldsymbol{y=x^2+2x-1}$

(2)　$\boldsymbol{y=-2x^2+4x+2}$

177　(1)　$\boldsymbol{y=2(x-2)^2-3}$

(2)　$\boldsymbol{y=-\frac{1}{2}(x+1)^2+4}$

178　$\boldsymbol{y=-(x-2)^2+12}$

179　(1)　$\boldsymbol{y=x^2-4x+1}$

(2)　$\boldsymbol{y=(x-2)^2+3}$

180　(1)　$\boldsymbol{x=1,\ y=-3,\ z=5}$

(2)　$\boldsymbol{x=2,\ y=-1,\ z=1}$

181　(1)　$\boldsymbol{y=2x^2}$

(2)　$\boldsymbol{y=x^2-2x-1}$

(3)　$\boldsymbol{y=x^2-2x+3}$

182　$\boldsymbol{m=\frac{3}{2},\ -\frac{1}{2}}$

183　(1)　$\boldsymbol{c=-2b+3}$

(2)　$\begin{cases} b=\mathbf{0} \\ c=\mathbf{3} \end{cases}$　$\begin{cases} b=\mathbf{-3} \\ c=\mathbf{9} \end{cases}$

184　$\boldsymbol{y=-(x+4)(x-2)}$

185　(1)　$\boldsymbol{x=-1,\ 2}$

(2)　$\boldsymbol{x=-\frac{1}{2},\ \frac{2}{3}}$

(3)　$\boldsymbol{x=-3,\ 1}$

(4)　$\boldsymbol{x=3,\ 4}$

(5)　$\boldsymbol{x=-5,\ 5}$

(6)　$\boldsymbol{x=0,\ -4}$

186　(1)　$\boldsymbol{x=\frac{-3\pm\sqrt{5}}{2}}$

(2)　$\boldsymbol{x=\frac{5\pm\sqrt{13}}{2}}$

(3)　$\boldsymbol{x=\frac{5\pm\sqrt{37}}{6}}$

(4)　$\boldsymbol{x=\frac{-4\pm\sqrt{10}}{3}}$

(5)　$\boldsymbol{x=-3\pm\sqrt{17}}$

(6)　$\boldsymbol{x=-\frac{1}{2},\ \frac{4}{3}}$

187　(1)　**2個**　(2)　**0個**

(3)　**2個**　(4)　**1個**

188　$\boldsymbol{m>-\frac{4}{3}}$

189　$\boldsymbol{m=-\frac{1}{2},\ 3}$

$m=-\frac{1}{2}$ のとき　$\boldsymbol{x=\frac{1}{2}}$

$m=3$ のとき　$\boldsymbol{x=-3}$

190　(1)　$\boldsymbol{-2,\ -3}$

(2)　$\boldsymbol{-1,\ 4}$

(3)　$\boldsymbol{3,\ 4}$

(4)　$\boldsymbol{-2,\ -4}$

191　(1)　**2個**　(2)　**1個**

(3)　**2個**　(4)　**0個**

(5)　**2個**　(6)　**0個**

192　(1)　$\boldsymbol{m>-2}$　(2)　$\boldsymbol{m<-\frac{2}{3}}$

193　$\boldsymbol{m=2\pm2\sqrt{5}}$

194　(1)　$\boldsymbol{\frac{1}{2}}$　(2)　$\boldsymbol{\frac{\sqrt{61}}{3}}$

195　$\boldsymbol{m<2}$ **のとき　2個**

$\boldsymbol{m=2}$ **のとき　1個**

$\boldsymbol{m>2}$ **のとき　0個**

196　(1)　$\boldsymbol{a>0,\ b>0,\ c<0,\ b^2-4ac>0,}$

$\boldsymbol{a+b+c>0,\ a-b+c<0}$

(2)　$\boldsymbol{a<0,\ b<0,\ c<0,\ b^2-4ac>0,}$

$\boldsymbol{a+b+c<0,\ a-b+c>0}$

197

(1)　$\boldsymbol{(-1+\sqrt{5},\ 1+2\sqrt{5}),\ (-1-\sqrt{5},\ 1-2\sqrt{5})}$

(2)　$\boldsymbol{(2,\ 3)}$

198　$\boldsymbol{\left(\frac{1}{2},\ -\frac{3}{4}\right),\ (1,\ -1)}$

199 (1) $x<5$ (2) $x \leqq \frac{5}{2}$

200 (1) $3<x<5$ (2) $-2 \leqq x \leqq 1$
(3) $x<-3,\ 2<x$ (4) $x \leqq -4,\ 0 \leqq x$
(5) $-5<x<8$ (6) $x \leqq 2,\ 5 \leqq x$
(7) $x<-4,\ 4<x$ (8) $-1<x<0$

201 (1) $-\frac{2}{3}<x<\frac{1}{2}$
(2) $x \leqq -\frac{3}{5},\ \frac{3}{2} \leqq x$
(3) $x<-\frac{1}{2},\ 3<x$
(4) $1 \leqq x \leqq \frac{4}{3}$
(5) $-\frac{2}{3}<x<\frac{1}{2}$
(6) $x \leqq -\frac{3}{5},\ \frac{3}{2} \leqq x$

202 (1) $x \leqq 1-\sqrt{5},\ 1+\sqrt{5} \leqq x$
(2) $\frac{-5-\sqrt{13}}{2} \leqq x \leqq \frac{-5+\sqrt{13}}{2}$
(3) $x<\frac{1-\sqrt{17}}{4},\ \frac{1+\sqrt{17}}{4}<x$
(4) $\frac{-1-\sqrt{7}}{3}<x<\frac{-1+\sqrt{7}}{3}$

203 (1) $x<-4,\ 2<x$
(2) $-1 \leqq x \leqq \frac{3}{2}$
(3) $x \leqq 2-\sqrt{3},\ 2+\sqrt{3} \leqq x$
(4) $\frac{-1-\sqrt{33}}{4}<x<\frac{-1+\sqrt{33}}{4}$

204 (1) $x=2$ 以外のすべての実数
(2) $x=-\frac{3}{2}$
(3) 解は ない
(4) すべての実数
(5) $x=-\frac{1}{3}$
(6) $x=\frac{3}{2}$ 以外のすべての実数

205 (1) すべての実数
(2) 解は ない
(3) すべての実数
(4) すべての実数

206 (1) $-3<x<1$
(2) $-\frac{3}{2}<x<1$
(3) $x \leqq 1,\ 3 \leqq x$
(4) $\frac{-3-\sqrt{13}}{2}<x<\frac{-3+\sqrt{13}}{2}$

207 (1) $x \leqq -4$ (2) $-2 \leqq x<\frac{7}{2}$

208 (1) $-5 \leqq x<-2$
(2) $x<-2,\ 3<x$
(3) $-3 \leqq x<-2$
(4) $-2<x<0,\ 2<x<3$

209 (1) $-2 \leqq x<-1,\ 4<x \leqq 5$
(2) $-1<x \leqq 1$

210 1 m 以下

211 (1) $x=-2,\ -1,\ 0,\ 1,\ 2,\ 3$
(2) $x=0,\ 1,\ 2,\ 3,\ 4$

212 $m<\frac{3}{4},\ 2<m$

213 $-2<m<10$

214 $m<-1$

215 $-3<m<-2$

216 (1)

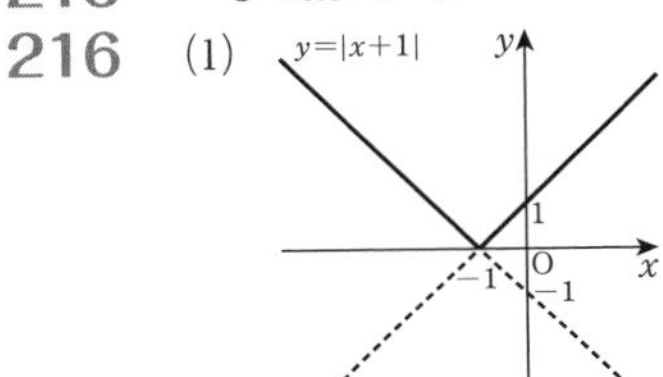

(2)

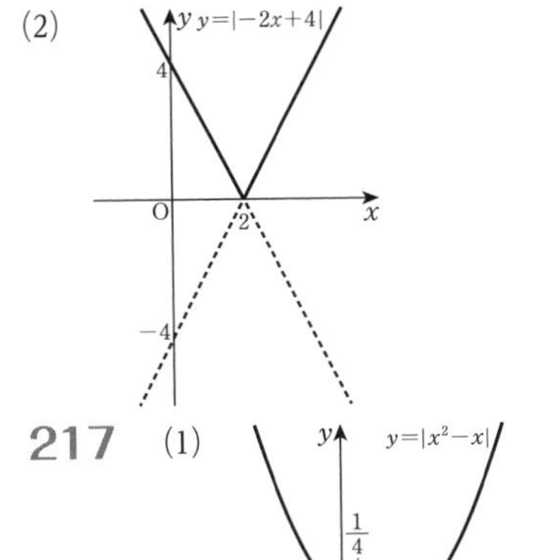

217 (1)

(2)

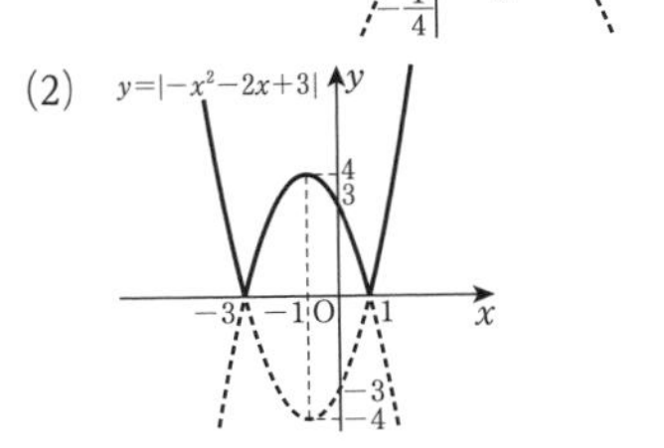

スパイラル数学Ⅰ学習ノート
2次関数

●編　者　実教出版編修部
●発行者　小田　良次
●印刷所　寿印刷株式会社

●発行所　実教出版株式会社
〒102-8377
東京都千代田区五番町5
電話<営業>(03)3238-7777
<編修>(03)3238-7785
<総務>(03)3238-7700
https://www.jikkyo.co.jp/

002302022　ISBN 978-4-407-36017-2

ISBN978-4-407-36017-2
C7041 ¥264E
定価290円(本体264円)

JIKKYONOTEBOOK

スパイラル 数学I 学習ノート

実教出版株式会社